我的第一本科学漫画书

升级版

科学实验王

KEXUE SHIYAN WANG

22 地球的演变
DIQIU DE YANBIAN

[韩] 故事工厂/著

[韩] 弘钟贤/绘

霍 慧/译

21 二十一世纪出版社集团
21st Century Publishing Group

通过实验培养创新思考能力

少年儿童的科学教育是关系到民族兴衰的大事。教育家陶行知早就谈到："科学要从小教起。我们要造就一个科学的民族，必要在民族的嫩芽——儿童——上去加工培植。"但是现代科学教育因受升学和考试压力的影响，始终无法摆脱以死记硬背为主的架构，我们也因此在培养有创新思考能力的科学人才方面，收效不是很理想。

在这样的现实环境下，强调实验的科学漫画《科学实验王》的出现，对老师、家长和学生而言，是件令人高兴的事。

现在的科学教育强调"做科学"，注重科学实验，而科学教育也必须贴近孩子们的生活，才能培养孩子们对科学的兴趣，发展他们与生俱来的探索未知世界的好奇心。《科学实验王》这套书正是符合了现代科学教育理念的。它不仅以孩子们喜闻乐见的漫画形式向他们传递了一般科学常识，更通过实验比赛和借此成长的主角间有趣的故事情节，让孩子们在快乐中接触平时看似艰深的科学领域，进而享受其中的乐趣，乐于用科学知识解释现象，解决问题。实验用到的器材多来自孩子们的日常生活，便于操作，例如水煮蛋、生鸡蛋、签字笔、绳子等；实验内容也涵盖了日常生活中经常应用的科学常识，为中学相关内容的学习打下基础。

回想我自己的少年儿童时代，跟现在是很不一样的。我到了初中二年级才接触到物理知识，初中三年级才上化学课。真羡慕现在的孩子们，这套"科学漫画书"使他们更早地接触到科学知识，体验到动手实验的乐趣。希望孩子们能在《科学实验王》的轻松阅读中爱上科学实验，培养创新思考能力。

北京四中 物理教研组组长 物理高级教师 **厉璀琳**

伟大发明大都来自科学实验!

所谓实验,是为了检验某种科学理论或假设而进行某种操作或进行某种活动,多指在特定条件下,通过某种操作使实验对象产生变化,观察现象,并分析其变化原因。许多科学家利用实验学习各种理论,或是将自己的假设加以证实。因此实验也常常衍生出伟大的发现和发明。

人们曾认为炼金术可以利用石头或铁等制作黄金。以发现"万有引力定律"闻名的艾萨克·牛顿(Isaac Newton)不仅是一位物理学家,也是一位炼金术士;而据说出现于"哈利·波特"系列中的尼可·勒梅(Nicholas Flamel),也是以历史上实际存在的炼金术士为原型。虽然炼金术最终还是宣告失败,但在此过程中经过无数挑战和失败所累积的知识,却进而催生了一门新的学问——化学。无论是想要验证、挑战还是推翻科学理论,都必须从实验着手。

主角范小宇是个虽然对读书和科学毫无兴趣,但在日常生活中却能不知不觉灵活运用科学理论的顽皮小学生。学校自从开设了实验社之后,便开始经历一连串的意外事件。对科学实验毫无所知的他能否克服重重困难,真正体会到科学实验的真谛,与实验社的其他成员一起,带领黎明小学实验社赢得全国大赛呢?请大家一起来体会动手做实验的乐趣吧!

目录

人物介绍

范小宇

所属单位：黎明小学实验社

观察内容：

· 实验大赛的超人气明星。

· 第二个让田在远当作朋友的人。

· 把艾力克当作实验品。

观察结果：虽然就像一颗不知会弹向何处的橄榄球，是麻烦与混乱的制造者，却能将科学知识灵活地运用在生活中，并能举一反三。

罗心怡

所属单位：黎明小学实验社

观察内容：

· 唯一一个对小宇进行的练习实验感到迟疑的人。

· 可以破译艾力克那种像谜一样难以捉摸的行为。

观察结果：回想起同艾力克在实验学院一起上学的往昔，揣测出他所作所为的真正含义，并且能够理解大星小学实验社成员的心情。

江士元

所属单位：黎明小学实验社

观察内容：

· 有着力压艾力克的强悍气势。

· 在接受采访时，散发出独特的个人魅力。

· 做实验时，从准备工作到收尾工作都会做到完美。

观察结果：不会因为一次胜利就觉得满足。瘦弱的外表下隐藏着足以安定人心的领导能力，因此能够带领黎明小学实验社不断前进。

何聪明

所属单位：黎明小学实验社

观察内容：

· 认为对付小宇的激动反应的最好办法就是不给予任何回应。

· 认为让实验社成员能够永远记住今天的最好办法是用文字记录这场最重要的实验比赛。

观察结果：永远将实验报告放在首位。

艾力克

所属单位：大星小学实验社

观察内容：

· 面对与自己截然不同的小宇时，思绪变得迷茫、混乱。

· 将自己的成长比喻成地球的历史，并做出了一番令人费解的说明。

观察结果：陷入左右为难的窘境！因为无论选择哪一方都必须牺牲另一方，因此感到非常矛盾。

柯有学

所属单位：黎明小学

观察内容：

· 一想到自己的学生们，脸上就会露出慈父般的笑容。

· 偶然看到了黎明小学对阵大星小学的比赛直播。

观察结果：极力压抑着的对小宇他们的思念之情爆发了。

其他登场人物

❶ 由于不了解艾力克内心世界而备受煎熬的大星小学实验社的成员。

❷ 每当小宇发生事故时都会冒出来的许大弘。

❸ 期盼总决赛那天快点儿到来的太阳小学校长。

❹ 世界大赛在即，却做出重要决定的小倩。

第一部　你我之间的距离

有人在操纵比赛。

咚⋯⋯⋯⋯

公共练习室

这既不是柯老师的
个人问题，也不是我
们的问题，而是整个实
验大赛出现了问题！
其实，你知道是谁在
操控这场比赛，
对吧？

怦怦

怦怦……

这到底是怎么回事?

怦怦

有人在操纵比赛?

而且艾力克还知道那个人是谁……

为什么不说话?难道对方说的都是真的吗?快点儿开口解释啊!

……

不会的!

啊，终于停下了！

停住

怒……

怒……

松开

嗯……

你拉我出来，是准备跟我说什么小秘密吗？

哈哈……

笨蛋！谁要跟你说小秘密！

哪儿来的花瓣？

是在变魔术吗？

开个玩笑！

你帮我解围，我该说声"谢谢"，对吧？

好了

好了

你真的不知道自己现在该对我们说什么吗？

到底怎么回事？
难道他真的……

该怎么跟你们
说好呢……

每个人都有自己的历史，也就是从出生到现在的人生历程。当然，我的历史中也有一段与你们共度的时光，但是……

历史？

但是？

没错，历史！对我来说，如果把与你们共度的时光比作国家历史……

不，不能这么说，应该以我们共有的时间举例比较好……

到底想说什么啊？

有了，地球！

用地球的历史来说明会比较简单！

18

然而，除此之外，在人类诞生前，

从人类诞生至今的历史

？！

约 6500 万年前，是哺乳动物大量繁衍的新生代时期。

踏

一步

啪

约 2 亿 5000 万年前则是恐龙时期。

一步

一步

约 5 亿 4000 万年前，地球环境变得适合于生物生存，并出现了大量的海洋生物。

再往前，在 35 亿年前，被视为生命之初的原核生物诞生了。而这些，就是你们所不知道的我的历史。

人类诞生前的，这长达数十亿年的悠久生命史，也就是在遇到你们之前，我和柯老师共度的时间。

第二天

这件事跟你们毫无关系，你们是无法理解的……

……

树叶飘零

咔咔

叽叽

哒哒……哒哒

所以我才为了节省时间，一边跑步一边放嘛！

都怪你非要把剩下的便当都吃完，才会害我们迟到！

放心吧，不会迟到的！

抓紧时间！

嗯？

噗噗

22

柯老师呢？昨天我听说你们已经找到他了。

你是在等我吗？

怎么可能！

右看看

左看看

什么？难道……

你是在等柯老师？

老师……不想回来了。

震惊

？

什么？

就剩10分钟了！快点儿！

哦，来了！

现在没时间细说，等比赛结束后再说吧！

你说他不想回来？那你见到他到底说了些什么？

点头

这种情况下……

你还要继续比赛？

！！

怔住

不然要坐在地上哭吗?

对你来说,柯老师是你小时候的恩师,但对我们而言,却是几天前还陪在我们身边的导师。

回头

我们比你更生气,更难过。

所以,你也该振作起来了!

范小宇!你想比赛也迟到吗?

我来了!瞬间移动术!

马上飞奔过来!

呼呼呼

哼!

什么?你们比我更痛苦?

嗖嗖

26

那是……

啊！好久没关注大赛了，现在很好奇。

没想到这家伙看着不怎么样，还挺有人气呢！

哈哈哈哈

小宇还是一点儿都没变，和以前一样！

我是真正的实验型男！

啊

好了，那我先走了。

伸手

哇，比赛主题……

停顿

第三轮决赛的主题是"盐"。

愣住

居然是"盐"！

现在的比赛主题还真难！

是要以盐为材料来进行盐实验吗？

不是！是指所有与盐的作用、运用、性质等相关的实验。

最重要的是要理解主题！

要找个能最有效展现主题的实验，而且在证明理论的过程中要有创新，这就是比赛考核的内容。

哇，真不简单！那指导老师的作用就更大了。跟以前真是大不相同了，难道这也"进化"吗？

咦，他们在做的算是盐的实验吗？

利用氢氧化钠溶液与盐酸溶液发生中和反应吗？

嗯……

实验 1 绘制自己的家族史

研究地球历史时，化石和岩石是非常重要的资料。因为我们可以利用化石得知古生物的相关信息，或者利用岩石里放射性元素的衰变程度来测定地层和岩石的年龄。现在，我们就利用照片来绘制自己的家族史，并在这个过程中理解这个概念吧！

准备物品： 家人照片 、纸、彩笔、胶水

❶ 从家庭相册中挑选几张具有代表性的照片。

❷ 按照照片中事件发生的先后顺序摆放好，制成自己的家族史。

❸ 在每张照片的下方标注好照片的拍摄时间。

虽然地球的漫长历史令人类难以想象，但人类可以通过测定地层年龄的方式来推测地球的年龄。测定地层年龄的方法有两种，分别是"相对年龄测定法"和"绝对年龄测定法"。

相对年龄测定法遵循的是逻辑，就像我们的年龄应该比父母小一样，地层也是根据"位于下方的地层形成的时间要早于上方的地层"的方式测定年龄的。可以通过"地层层序律"和"生物群层序律"等规律来进行测定。地层层序律是指先形成的地层位于下方，后形成的地层位于上方的规律；而生物群层序律是指低级的生物化石位于下方地层，进化了的生物化石位于上方地层的规律。

绝对年龄测定法讲求的是客观，即利用放射性元素的衰变特性来测量出地层的绝对年龄，就像在照片下面客观地记录下每张照片中的事件发生的时间一样。

实验 2 制作地球的内部结构模型

地球自诞生至今经历了巨大的变化。距今约46亿年前，一个由宇宙尘埃和气体组成的星团在太空中缓慢却不停地旋转着，星团中的宇宙尘埃和气体受自身引力的影响凝聚缩小，最后形成了一个炙热的星球——太阳。然后环绕在太阳外围的尘埃和气体又逐渐聚集成岩石，在轨道上与邻近物质互相吸引、集结，逐渐演变成太阳系的各颗行星，地球就是其中一颗。如今地球的构造分为四大层。下面我们就通过一个简单的实验来了解一下地球的内部结构吧！

准备物品： 四块不同颜色的橡皮泥或黏土 、透明胶片 、圆规 、胶带 、剪刀 、笔

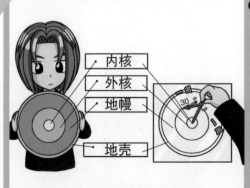

❶地球半径约为6400千米，其中内核的厚度约为1300千米，外核厚度约为2200千米，地幔则是从外核外围延伸到距地表约33千米。现假设地球半径为30厘米，按照比例计算出各圈层的半径，然后用圆规在透明胶片上画出圆心相同的四个圆。

（里面三个圆的半径：内核 6.09厘米，外核 16.4厘米，地幔29.8厘米）

❷ 用剪刀剪下地球结构图的四分之一。

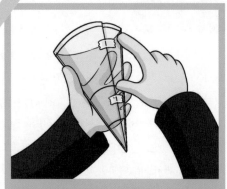

❸ 将剪下来的透明胶片卷成圆锥形，并用胶带固定。

❹ 分别在各层放入不同颜色的橡皮泥，让地球的内部结构层次分明，从圆锥顶点开始依次是内核、外核、地幔和地壳。

这是什么原理呢?

　　地球的内部结构经常被比作一颗煮熟的鸡蛋，蛋壳好比是地壳，蛋白是地幔，蛋黄按熟透程度从外向内分为外核和内核。包裹在地球表面的地壳包括大陆地壳和海洋地壳；地幔所占比例最大，主要是由阿尔卑斯型橄榄岩和拉斑玄武岩等矿物组成的流动性固体；外核和内核的主要成分都是铁，一般认为，外核呈液态，内核呈固态。

第二部 让食物更美味的盐

如果用化学方程式来看，就更好理解了！两种溶液混合时，氢氧根离子和氢离子发生中和反应生成水，没有参与中和反应的氯离子和钠离子结合生成氯化钠，也就是盐。

化学方程式应该是：NaOH（氢氧化钠）+HCl（氯化氢）[1]=NaCl（氯化钠）+H₂O（水）。

利用中和反应制出盐，这应该是个合格的决赛实验，也比较完美地诠释了主题。

这帮小家伙是不是接受特训了？做的实验越来越有看头了！

哈哈

这帮机灵鬼，果然不负所望！

……

但是，要怎么证明，

？！

煮沸后残留下来的物质就是盐呢？

瞇瞇

注 [1]：HCl（氯化氢），此物质溶于水得到的溶液为盐酸溶液。

看到了吗？

虽然我个人不太喜欢炫耀，不过，还是让他看看我们写的化学方程式吧！

氢氧化钠和盐酸反应，会生成氯化钠，这个氯化钠就是盐！

NaOH+HCl →H₂O水+NaCl 氯化钠

没错！

从化学方程式上看，那个物质的确是盐，问题是，他们怎么证明那真的就是盐？

证明？

啊？

他好像是大星小学的……

艾力克吧？

没错，就是他！

窃窃私语

大星小学实验社的天才！

嗯……

尝一尝，如果咸……

可是，品尝实验用品非常危险，会被扣分的！

喃喃自语

就是啊，实验都已经成功了……

这个，一定要证明吗？

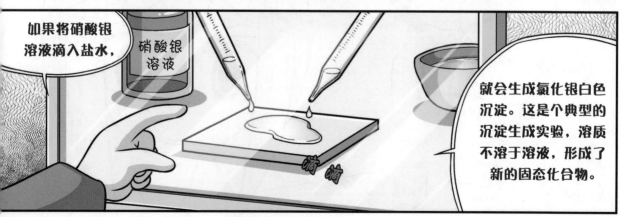

40

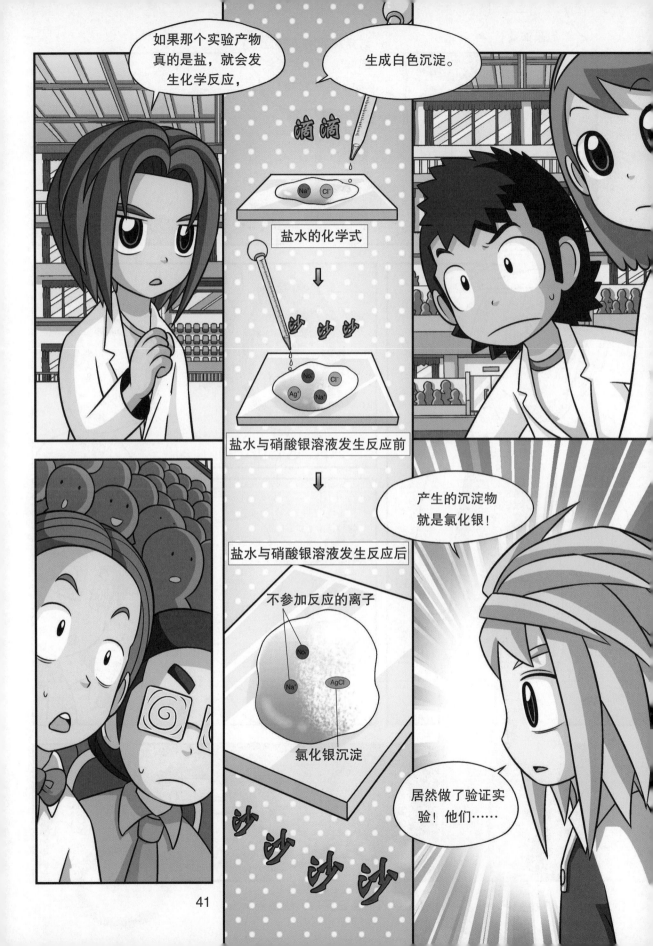

41

原来如此！

这样就证明了那些固体确实是含有氯离子的化合物！

咦？还没完呢，

那个好像是镍铬合金线。

难道他们打算做焰色试验？

原理就是：不同元素，火焰的颜色一般也不同。

钠呈黄色，锂呈紫红色、钾呈紫色，如果焰色验证成功，就相当于二次验证也成功了。

43

44

45

我们也和你一样，难以接受这个事实，但我们在用我们自己的方式，努力走出伤感！

我们绝不会就此倒下！

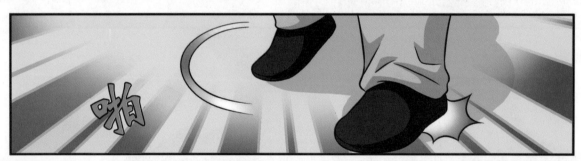

哇啊啊啊

蒸馏水

他们果然不负众望，带来一场高水平的实验，实验结果也非常成功！

是吗？可我怎么觉得这个实验看起来很简单啊！

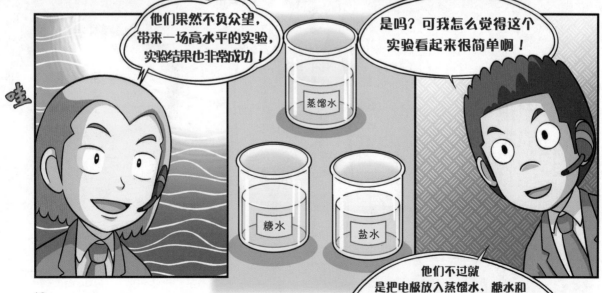

蒸馏水

糖水

盐水

他们不过就是把电极放入蒸馏水、糖水和盐水里，观察各溶液是否具有导电性。除此之外，还有其他的吗？

注 [1]：离解，在温度、溶剂等条件下，分子分离为更简单的原子团、单个原子或离子的化学过程。

51

电解质与非电解质的模型

哇 哇 哇 哇

没错，盐和糖的性质完全不同！

也不是什么新奇的内容，但今天却有了全新的领悟！

哇，真了不起！一个实验居然包含了如此丰富的内容。

是啊，居然能够从多角度诠释盐的性质，真令人耳目一新！

这也再次证明了实验报告的重要性！

可以让观众看到报告的详细内容吗？

人类用盐的历史可以追溯到公元前6000年！

以体重60千克的成人为例

让体内钠离子的合量维持在70~80克

建议每天盐的摄取量在5克以下

古代埃及

古代波斯

古代中国

古代罗马

这些国家都曾把盐当作货币使用

制造陶瓷、玻璃、皮革

漂白纸张和布匹

腌制食品

融化道路上的雪

盐不只是用来调味的调料，更是一种人体必需的无机物，是维持生命的关键物质之一。

所以，过去人们非常重视盐，甚至把它当作货币使用。

而现在，盐作为一种化工原料，用于制造小苏打、盐酸、肥皂、陶瓷……

应用广泛！

盐水

盐之所以能够广泛地应用于化工领域，就是因为它具有电解质的性质，也就是本实验的主题。

证明盐具有电解质性质的方法就是"电流"！

盐水

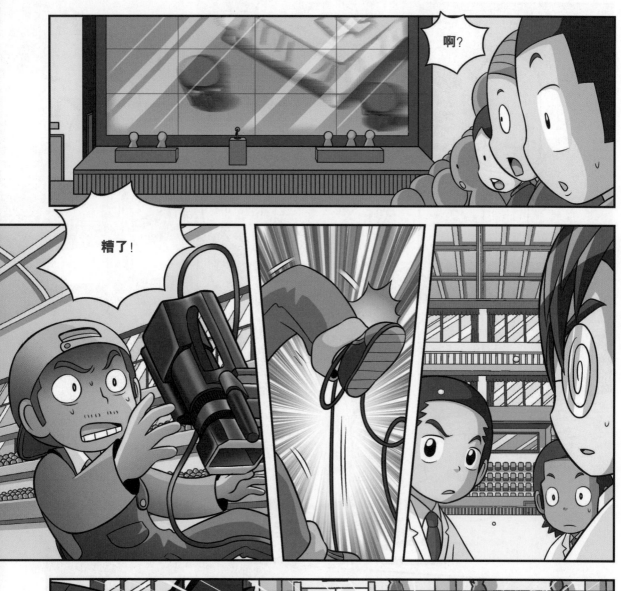

改变世界的科学家——尼古拉斯·斯丹诺

尼古拉斯·斯丹诺是丹麦的解剖学家、神学家和地质学家，被誉为"地质学之父"。他从医学院毕业后成为一名知名的解剖学家，然而在解剖大白鲨的过程中，他却对化石产生了兴趣。斯丹诺在解剖大白鲨时发现，大白鲨的牙齿与陆地上常见的一种石头十分相似。经过不懈的研究，他终于发现那些石头正是鲨鱼牙齿的化石。此后，他将大部分时间都投入研究地球历史中去了。

尼古拉斯·斯丹诺（Nicolaus Steno 1638—1686）
通过鲨鱼的牙齿证明化石的存在，为地质考察奠定了基础。

经过不懈的努力，斯丹诺在1669年提出地层学中地层层序叠置律、原始连续律和原始水平律，并阐明地层不整合的意义。在地层未发生倒转或逆掩断层的情况下，地层的正常层序总是从下往上层层叠加的，先形成的在下年代较老，后形成的在上年代较新。这些理论现在看来再简单不过了，但在当时视宗教高于科学的时代，可是具有划时代的意义！

除此之外，斯丹诺在石英晶体的研究上也有着重要的贡献。因为他证明了同一物质的不同晶体在相同的温度和压力下，晶面的数目、大小、形状可能有很大的差别，但对应的晶面之间夹角是恒定的，这就是斯丹诺定律（或称面角守恒定律）。该定律直至今日仍被用来辨别某些特定矿物。虽然斯丹诺从1675年开始担任圣职以后就结束了他的科学生涯，但他创造出的科学成果却奠定了近代地质学的基础。

即使是不同的晶体，对应晶面之间都具有相同的夹角啊！

世界化石挖掘大赛

好的，这里就是聚集了全世界挖掘专家的

世界化石挖掘大赛的现场！

棒棒博士队首先挖出了一个菊石化石！

而另一边G博士队还在奋力挖掘中！

终于挖到了！

石油啊！

是生物化石形成的石油啊！

可石油又不是化石！

所谓化石，指的是留存在地质时期沉积岩中的动植物的遗体或遗迹。因为大多数的化石长期埋于地下，所以相当坚硬。

而人类所留下的陶器、竹简、木乃伊等，属于人类历史的痕迹，所以不算是化石。

石油和煤确实是地质时期的生物被掩埋后形成的，然而，这些生物由于长时间受到热和压力的作用而分解，失去了原有的构造，因此不属于化石。G博士，懂了吧？

植物遗体 → 煤

动物遗体 → 石油

第三部

中断比赛的意外事故

起身

!!

咚

!!

呼呼

范小宇……

救援成功！
好险啊！

69

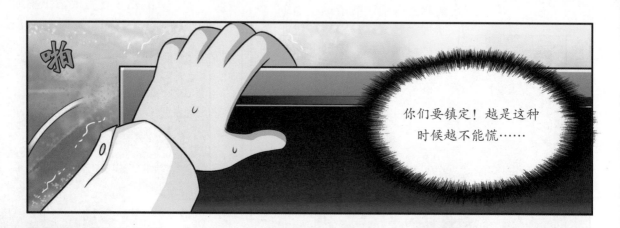

你们要镇定！越是这种时候越不能慌……

先确认一下有没有受伤！

然后，按照安全人员的指挥……

不要怕，有老师在！

孩子们！

是的，而且听说还在帮助另一组呢！

真的全都没受伤吗？

啊……

真是万幸……

柯老师，您也真是的！

真是万幸啊！

实验现场

工作人员

黎明小学实验社!

现在要调解比赛的最终决定……

塔塔塔

工作人员

你们的辅导老师在哪儿?

?!

啊,老师现在由于个人原因无法到场。

校长今天也因其他事务未能出席……

那怎么办……

要是没有具有辅导老师资格的人在场,在最后的调解过程中,你们的立场和意见就不能被充分地表达出来。

……

而且，一旦调解结果出来了，如果没有特别原因，是不会进行再次调解的。

你们赶紧商量一下怎么办吧……

等一下！

告诉你们紧急联系方式可以吗？

有紧急联系电话吗？

这个……

是给柯老师所在的研究所打电话呢，

还是联系校长更保险呢？

不管是柯老师还是校长，必须清楚现在的状况才行……

沉默

如果两个人都不知道……

嘈杂

哦，好的！

嘈杂

嘈杂

现在这种情况无法依照正常程序进行评分，但如果比赛被判无效，对于已经完成实验的我们来说是不公平的。

如果就这样评分，肯定对我们不利。先不说实验根本没做完，我们连首要责任——保护自身安全都没做到！

	黎明小学	未来小学
总分	41.25	41

加赛将会在所有比赛结束后进行，详细安排会另行通知。

突发意外事故让大家受惊了，在此再一次向大家鞠躬道歉！

两所学校实验社的同学们，你们辛苦了！

鞠躬

鞠躬

鞠躬

鼓掌

哇

啊

啊

啊

鼓掌

既然你都这么说了……

酬金就算了，

请我吃一个月的炒年糕如何呀？

要不，送我辆自行车？

嘿嘿嘿嘿

为了报恩……

从今往后，我将不再对你说敬语！

不再对你说敬语，

不管你怎么说，

我会让你感受到

我的男人味……

瞳目

什么？

得了，得了！这种报答我不稀罕！

谁让你不对我说敬语的？害我起了一身鸡皮疙瘩！走开！

虽然做出这个决定并不容易，但是……

呼呼

因为你是我的救命恩人，所以就算这样有点儿勉强，也只能这么做了！

你的救命之恩，我会铭记一生的！

晕

救命恩人？

现在一想……

87

五次生物大灭绝

单一物种的消失称为"绝种"，但如果在短期内，众多生物全部消失，就称为"大灭绝"。迄今为止，地球一共经历了五次生物大灭绝。古生物学家认为，造成这些生物大灭绝的原因主要有小行星撞击地球、频繁的火山活动以及气温骤降等。

第一次 古生代奥陶纪末期的大灭绝

第一次生物大灭绝发生在约4亿4000万年前的古生代奥陶纪末期。奥陶纪属于古生代的早期，这个时期，三叶虫和腕足类等海洋生物繁衍昌盛，并出现了原始鱼类。造成此次生物大灭绝的主要原因有气候突变，气温骤降形成的冰河期，以及银河系发生的γ射线风暴等。经过这次大灭绝之后，海洋生物大幅度减少，包括当时繁盛的三叶虫在内，约有85%的海洋生物灭绝。

古生代奥陶纪 三叶虫和腕足类等海洋生物繁衍昌盛，并出现了原始鱼类。

第二次 古生代泥盆纪晚期的大灭绝

第二次生物大灭绝发生在约3亿7700万年前的古生代泥盆纪晚期。泥盆纪是古生代的中期，由于这个时期鱼类空前繁盛，故又有"鱼类时代"之称，此外，还出现了最早的原始两栖类。此次大灭绝的原因可能是陨石多次撞击地球，以及冰河期等。这次灾难导致包括从志留纪时期开始繁盛的众多海洋生物和刚诞生不久的两栖类在内的约82%的地球生物绝种。

古生代泥盆纪 鱼类种类暴增，空前繁盛，并出现了原始两栖类。

TIP 迄今为止，有多少种生物灭绝了呢？

目前地球上现存物种的数量只占地球上出现过的所有物种数量的千分之一，这是因为大部分物种都会在出现后的500万年以内绝种。如果按照这个数值计算，曾经出现在地球上的生物约有90%以上已经灭绝了。其实，近百年间，生物灭绝的速度更快了，如果地球变暖（温室效应）的速度持续加快，那么在今后的50年内，可能将有15%~40%的地球生物会灭绝。

第三次　古生代二叠纪末期的大灭绝

在第二次生物大灭绝之后约1亿年的时间里，生物的体形变大了，还出现了爬行类。随后在约2亿5000万年前的二叠纪末期，再次爆发了第三次生物大灭绝。这次大灭绝是地球有史以来最严重的一次灭绝事件，导致当时包括海洋和陆地生物在内的95%左右的地球生物绝迹。陨石冲撞地球、大规模火山爆发导致地球温度上升以及连带产生的缺氧现象，被认为是引发此次大灭绝的主要原因。

古生代二叠纪　海洋和陆地生物的种类增多，并且出现了爬行类，但经历了第三次大灭绝之后，几乎所有的生物都在地球上消失了。

第四次　中生代三叠纪晚期的大灭绝

第三次生物大灭绝4000万年以后，也就是2亿1000万年前，在中生代的三叠纪晚期，发生了第四次生物大灭绝，致使当时大部分爬行类和海洋类生物约76%的物种消失。第四次大灭绝的原因与第三次大灭绝相似，是由陨石撞击地球、高温和缺氧等引起的。在这次生物大灭绝之后，除了恐龙出现并大量繁殖之外，少数的原始哺乳动物也诞生了。

中生代三叠纪　爬行类急剧繁衍，后期出现了恐龙。裸子植物增多。

第五次　中生代白垩纪晚期的大灭绝

第四次大灭绝之后又经历了1亿多年的岁月，大约在6500万年前的中生代白垩纪晚期，发生了第五次生物大灭绝。科学家们根据在墨西哥尤卡坦半岛上遗留的巨大陨石坑推测，小行星撞击地球以及发生在印度的大规模火山运动等是造成这次生物大灭绝的主要原因。这次大灭绝致使包括在侏罗纪和白垩纪时期大量繁殖的恐龙和菊石类在内的

中生代白垩纪　恐龙的时代，到了后期，被子植物开始变得繁盛。

75%~80%的地球生物灭绝。然而，在地下挖洞生活的小型哺乳动物却存活了下来，从此迎来了属于哺乳动物的新时代。

第四部

记住今天

我要写一篇黎明小学实验社的专题报道，

你们愿意配合一下吗！

热烈欢迎！

这种事情……

你的想法很好！今天比赛的主角当然是我们！

非常好！先发表一下今天的获胜感言吧？

得意扬扬

怎么说呢？今天获胜是……

获胜？

那……平时也是士元主管实验吗？是因为他在你们实验社的实力最强吧？

而且，现在指导老师也不在，士元的担子就更重了！

晕

我懒得浪费口舌，你替我作答吧！

等等，这是……

江士元的专访吗？

老师不在，

这个重担是我们共同分担的！

郁闷

另外，看来你并不知道……

黎明小学的秘密武器可是我范小宇！

关于士元的问题，你要是全问完了的话，我就先告辞了！

呃！

啊！等一下，你生气了吗？

垂头丧气

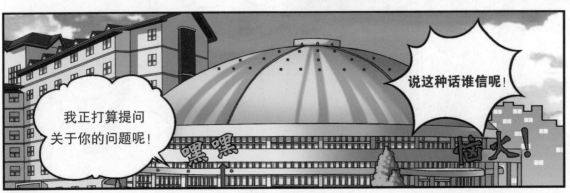

我正打算提问关于你的问题呢！

嘿 嘿

说这种话谁信呢！

冒火！

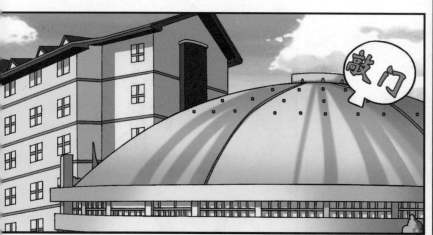

我来了。

何聪明，
就等你了！

不好意思，来晚了，因为不知道选哪个好。

这次就原谅你了！

其实我也刚到！

那就开始吧？

等一下！

你带的什么？拿出来看看！

我带来的是今天的土。

喏，这个！

沙啦啦

今天的土？

这跟昨天的有什么不一样？

我想说的是绝对年龄测定法。

难道你们那儿的土都标着几月几日呀？

扑哧

什么？

岩石中的放射性物质会以一定的速度衰变。

绝对年龄测定法的例子

例如：岩石中的钾（K）随时间的推移而衰变，释放出氩气（Ar）。测定氩气的含量，再将衰变速度代入公式，即可算出岩石的年龄。

K→K

Ar

Ar

Ar

使用这种方法，连地球的年龄也能算出来。

利用衰变速度测定岩石年龄的方法就叫作绝对年龄测定法，又称为放射性定年法。

愣住……

绝……绝对测定什么？

在漫长的岁月里，沉积物在地表层层积压形成地层，地层中保存着记录当时环境的化石，用这个化石……

110

好！那大家先把各自的东西分成四等份吧！

那还用说，只要我们继续保持下去……

有了这个化石，就能把今天的一切长期保存起来了。

如果每次对决都能像今天一样，那么拿全国冠军也不在话下了！

呵呵

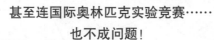

甚至连国际奥林匹克实验竞赛……也不成问题！

怦怦

咦，你们也来做实验吗？

你们好！

哦……

咱们走吧！

转身

你们好……

嗯？

喂！你们不是来做实验的吗？

为什么转身就走？

挖掘地层中的化石

	实验报告
实验主题	观察从沉积物中挖出的化石，理解地层叠加的原理，分析地质时代的生物与环境间的关系。
实验用品	❶黄土粉 ❷泥浆粉 ❸页岩粉 ❹塑料容器 ❺恐龙化石模型 ❻砾岩粉 ❼砂岩粉 ❽毛刷 ❾锤子 ❿挖掘棒 ⓫牙签 ⓬纸杯 ⓭菊石化石模型 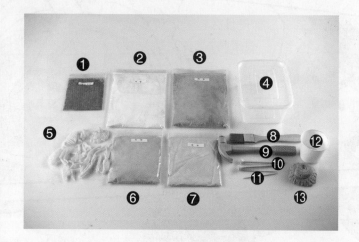
实验预期	先形成的地层位于下方，后形成的地层位于上方；可以通过沉积物的颗粒形状、大小以及化石等推测出当时的环境。
注意事项	❶为了能够更加清楚地观察地层，塑料容器的外壁要保持干净。 ❷必须等到一层岩石粉浆干结后，再倒入另一层岩石粉浆。 ❸在制作岩石粉浆时不要加入过多的水，否则地层可能不易干结。

实验方法

❶将二分之一纸杯的水倒入装有泥
岩粉的塑料袋里并加以揉捏。

❷将揉捏好的泥岩粉浆倒入塑料容器
中，轻轻摇晃，使粉浆表面平整。

❸待泥岩粉浆干结后，用上述方法
制作页岩粉浆，并小心地倒入塑
料容器中。

❹页岩层变硬后，把菊石化石模型
放上去。

❺用相同方法制作砂岩粉浆，倒
入塑料容器内，硬化到一定程度
后，把恐龙化石模型放上去。

❻在砂岩层干结后，用多于半纸杯
的水将砾岩粉揉捏成浆，把粉浆
倒入塑料容器里。（如果恐龙化石
模型暴露在外，就用挖掘棒压入
粉浆内。）

❶

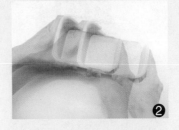
❷

❸

❹

❺

❻

❼最后，将黄土粉均匀地撒在最上面，搁置一天，使地层完全干结。

❽在不破坏地层模型的前提下，小心地取出地层模型，用锤子、挖掘棒和毛刷等挖掘化石。

实验结果

在砂岩层和砾岩层分别可以挖到菊石化石和恐龙化石。把所有的恐龙化石挖出后，再重新拼接回原来的样子。

* 上述实验用品的制作权归 Maesaeng 公司所有，本书已获得使用同意，特此声明！

这是什么原理呢?

在地球表面，广泛分布着由于风和水的沉积作用形成的沉积岩，约占陆地面积的75%。与在高温、高压的作用下形成的火成岩或变质岩不同，沉积岩是沉积物经过长期积压而成的，不易被分解，因此才得以保存下来。沉积岩层层堆积形成了地层，地层是从下往上层层叠加的，由于沉积物粒子的大小、形状和种类不同，所以地层呈现出多层的形态。我们可以观察到地层表面是呈水波状的，这是风、水等在地层表面留下的痕迹。而沉积物中的化石成为对当时环境、当地气候以及水深等进行推测的根据，有时还是确定地质时代的重要标准。

崭新的历史

公共实验室

时间是不断流动的！

拉开

飕飕飕飕

呼啦

所以，即使是再美好、
再重要的瞬间，

最终，都会成为过去！

124

所以，为了能记住今天的一切，我们准备进行这个实验。

一步

一步

但现在看来，最需要做这个实验的人不是我们，而是你——艾力克！

揩

? !

所以，你看好了！

轻放

随便你吧！

拿起

环氧树脂

125

环氧树脂是一种人造树脂，呈透明液态状，广泛用于黏胶、涂料等。

哗啦啦

向纸杯内倒入 1/4 纸杯的环氧树脂，

哦？

然后滴入几滴固化剂。

环氧树脂

环氧树脂

固化剂

看来，他要做咱们想做的琥珀实验！

嗯，应该是吧！

什么是琥珀？

惊慌

这……

这是……

小心搅拌，不要产生气泡！准备工作就做完了。

!!

一步

一步

你在想什么呢？难道忘了下一场比赛的对手是谁吗？

紧抓

那可是世界级科学神童艾力克所在的大星小学！咱们学校可以与之抗衡的还能有谁？

只有你，许大弘！下一场比赛的输赢，

就掌握在你的手里！

就算我表现得不好，

下一场比赛也一定是我们赢，不是吗？老师。

呃……

制作仿真琥珀

实验报告	
实验主题	通过环氧树脂和固化剂产生的化学反应，了解琥珀形成的过程及原理。
实验用品	❶环氧树脂 ❷两个纸杯 ❸固化剂 ❹木棒 ❺贝壳 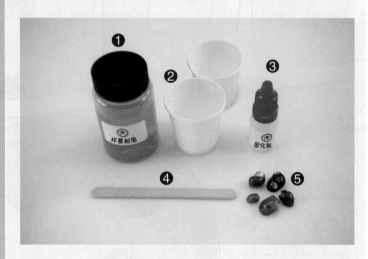
实验预期	在加入固化剂的环氧树脂中放入贝壳，两种溶液混合后会产生化学反应，于是慢慢地凝结成化石。
注意事项	❶实验前后室内一定要通风换气。 ❷固化剂要定量使用。 ❸在搅拌环氧树脂和固化剂的混合溶液时，要避免产生气泡。 ❹如果环氧树脂不小心滴到了皮肤上，要等到凝固后再揭掉。

实验方法

❶ 在纸杯中倒入四分之一杯环氧树脂，再滴入1~2滴固化剂，用木棒慢慢搅拌。

❷ 将搅拌好的溶液的一半倒入另一纸杯中，在溶液表面轻轻放上贝壳，再将剩下的一半溶液浇上去。

❸ 静置3~5小时，待溶液完全凝固后，撕破纸杯，取出琥珀。

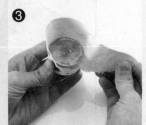

实验结果

环氧树脂和固化剂混合后会发生化学反应，慢慢凝固后就会形成一个含有贝壳完整形态的化石标本。

这是什么原理呢？

　　环氧树脂是含有环氧基团的树脂，呈透明液态。如果在环氧树脂中加入固化剂，二者会发生化学反应，产生热量，并在保持原有状态的同时慢慢凝固，所以贝壳就被完好地封存了起来。琥珀的形成原理也与之相似。琥珀是由针叶树（如松树）分泌出的黏稠树脂经过长期固化而形成的化石，包裹有昆虫者尤为珍贵。琥珀一般是透明至半透明块体，呈不规则或泪滴状。

第六部

最后一个实验

我是因为个人理由才参加这次比赛的。

这我们都知道！

是因为那个老师，对吧？

没错，但是老师却消失了！

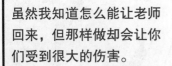

虽然我知道怎么能让老师回来，但那样做却会让你们受到很大的伤害。

所以我放弃了。那么，现在的比赛对我来说已经没有任何意义了。所以后面的比赛……

居然说是怕我们受到伤害？

罗敏！

不如直接说是因为老师不在这里的关系！

爆发

别拿我们当挡箭牌！

……

从一开始就是这样！那家伙把我们……

那下次见喽！

好，我们夺冠后一定接受你的采访！

嗯？

脚步沉重

你们好！来练习实验吗？

啊，嗯！

那是？

硫酸铜晶体！

晶莹

这个结晶实验是柯老师教我的最后一个实验。

今天艾力克做了硫酸铜结晶实验吗？

啊，你说这个？嗯，是的。

?

155

聪明，那个……

啊！

给！这是刚才太阳小学实验社的记者刚才拜托我转交的。

递

太阳小学校刊？为什么给我们这个……

你们看看吧！

说不定能帮到你们！

全国实验大赛特刊？

我们要晚了，先走了啊！

再见！

翻翻

翻翻

啊！

定格

太阳小学校刊
全国实验★赛特刊

咚

什么?

这是一篇关于艾力克的专访!

太阳小学的下一个对手! 揭开大星小学艾力克的神秘面纱!

艾力克,让大星小学实验社一举成名的功臣!

曾经轰动欧洲的科学天才少年!

全世界瞩目的科学神童,突然间中断了所有的研究,然后低调回到这里的真正原因到底是什么呢?

奥林匹克

? !

那我想先问一下，迄今为止，你遇到过对你产生深远影响的人吗？我指的是完全改变你人生的人。

一般来说，这个人可能是父母或是朋友，但我不一样。事实上，在我很小的时候就被现在的父母领养了。

这没什么可吃惊的，他们人都很好，问题出在我这儿。

以前我根本不懂什么是乐趣。

任何时候都以我定的规则为先，认为只要遵守规则就行了，没有其他的人生目标。

是他改变了我。

让我懂得乐趣就在实验之中。

可现在明白了又有什么用？根本无法改变什么！

对他来说，我们什么也不是……

不是你说的那样！他是为了我们才放弃自己深爱的实验的！

你们好好想想！

？！

！！

艾力克肯定既想找回老师，又想继续自己的实验。

可是他现在却因为害怕伤害我们，所以两者都要放弃。

我们得帮他才是！

因为我们？

您好!

咔嗒

咨询台

办公室

听说有黎明小学的包裹,我是来取包裹的。

啊,在这儿,稍等一下!

好!

黎明小学寄来的包裹……

剩下的比赛我可能参加不了了,能不能让实验社的其他人替换?

这个声音是……

以前从来没有过这种情况，所以现在无法马上答复你。请你先填张申请表交过来吧！

我知道了！

艾力克？

收件

黑哟

那我回去填好了，明天……

停顿

你……

研

吓一跳

在这儿签个名！

哦，好的！

喂，等一下！

嗒嗒嗒嗒

唰唰唰

事情越来越有趣了！

办公室

咔嗒

163

包裹这么沉，你一个人能行吗？

没问题！

这……这么沉啊！

摇晃

怎么回事？

艾力克！

这一天终于要来了！

呵！

偷瞄

他们约定了什么？

你没忘记跟我的约定吧？

到时候你就知道了，我先走了！

嗒嗒 嗒嗒

他们的对话怎么有点儿奇怪？

嗒嗒嗒嗒

撞

办公室

哇！太棒了！化学博士寄来了地层模型！

公共练习室

你看这一层层累积的岩石！还有锤子和毛刷！

这就是沉积地层吧？

哇

喂，生气了？是因为让你自己搬了那么沉的东西吗？

嘻嘻

蒙

这里还有博士写的信！

黎明小学实验社的同学们：希望你们在加赛中将精彩的实验进行到底！我特意寄去地层模型，地层中还藏有化石哟，快挖来看看吧！

有化石……

那咱们就一人一块来挖掘化石吧!

在模型上插上凿子，用锤子小心敲掉地层就行。化石露出来之后，改用毛刷，仔细地扫掉化石周围的土。

哦?

咬指甲

咬指甲

居然寄来了五块地层模型!

还多了一块。

啊，那块应该是给柯老师的吧?

吓一跳

哦!博士难道不知道老师已经离开了吗?

范小宇!

惊吓

你怎么了?从刚才回来就怪怪的!

我……

好像见鬼了?

167

鬼？见鬼？

我看你才是活见鬼了！

你是因为比赛压力过大才产生的错觉 吧！

没事的！没事的！

肯定是被艾力克那幽灵给蛊惑了！

呼呼……

到底怎么回事？

事情是这样的，我去取包裹的时候……

邺嚷 邺嚷 邺嚷

请你先填张申请表交过来吧！

好的！

收件处

艾力克那家伙在咨询下一场比赛能不能换成实验社的其他队员之类的。

然后，太阳小学的校长突然进来了，我听见他跟艾力克说约定和计划什么的，我光顾着偷听了，一不小心包裹掉了下来。

灼痛 沉重

惊悚 飘飘飘飘飘

好不容易快到练习室了，又看见柯老师从走廊飘过去了！

真是谢谢你啊！居然这么快召开委员会，而且还在会议上帮忙说话。

没什么，都是我应该做的。

刮目相看呀！

可是，为什么要推到明天才做决定？

今天完全可以定下的啊！

啊，那是因为……

明天我们学校要和大星小学比赛嘛！等比赛结束了再说吧！

太阳小学 VS 大星小学

不急着在今天做出决定！

171

不管发生什么事都没关系？

是的，因为我们是好朋友！

会一直陪着你！

会帮你！

帮我？

要一直陪着我？

有人答应我，如果明天和太阳小学比赛时，我故意输给对方，他们就帮忙召开委员会，并让柯老师恢复原职。

这种事也没关系吗？

敬请期待 科学实验王 23
月亮的周期

地质年代

地质年代是表明地质历史时期的先后顺序及其相互关系的地质时间系列，指从大约43亿年前地壳形成开始至今的这段时期，按由远而近的先后顺序可分为前寒武纪、古生代、中生代和新生代。这种地质年代的划分主要是以大规模的造山运动、大陆板块运动等地壳变化造成的明显地层变化，或是以地层里的标准化石作为判断标准的。

前寒武纪　约46亿年~5亿4000万年前

前寒武纪指的是从地球形成之后到古生代以前的这段地质时代。这个时代占全部地质年代的80%以上，是时间最长的一段时期。根据地质特征来看，当时的地球总体来说比较温暖，但反复出现过寒冷的气候。几乎没有发现这个时代的化石，这是因为生活在当时的生物大部分都是低等生物，没有坚硬的骨头或外壳，而且数量也很少。

古生代　约5亿4000万年~2亿5000万年前

据推测，古生代时期的地球总体来说气候比较温暖潮湿，但到了末期，南半球大面积被冰雪覆盖。古生代按当时栖息的生物可以划分为寒武纪、奥陶纪、志留纪、泥盆纪、石炭纪、二叠纪六个纪。这个时代发现的化石有三叶虫化石、甲胄鱼化石及蕨类植物化石等，通过这些化石可以得知，当时的海洋生物和蕨类植物非常繁盛。

46 亿年前

前寒武纪

43 亿年前　　40 亿年前

地球诞生

地壳和海洋的形成

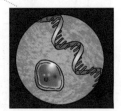
生命的诞生

中生代　约2亿5000万年~6500万年前

从大约2亿5000万年前到6500万年前的地质时代称为中生代，这个时期的地球整体上仍旧维持着温暖的气候。中生代可划分为三叠纪、侏罗纪和白垩纪，其代表化石有恐龙化石、菊石化石和裸子植物化石等。相较于古生代，中生代出现了许多高等生物，陆地上不仅有各类恐龙繁衍生息，而且出现了原始的哺乳动物；海洋里也出现了大量的无脊椎动物——菊石。然而，到了中生代末期，由于环境突变，导致恐龙和菊石在短时间内大量死亡，直至全部灭绝。

新生代　约6500万年前~现在

大约6500万年前至今的这段时期称为新生代。新生代初期，地球还比较温暖潮湿，但到了末期，经历了几次寒冷的冰河时期后，变得寒冷起来。这个时期的代表性化石有货币虫化石、长毛象化石和被子植物化石等。中生代末期恐龙灭绝以后，小型哺乳动物存活了下来，并在新生代开始繁衍生息，与此同时，也出现了许多跟现代生物比较类似的生物体。陆地上的枫树、橡树等被子植物和草类蓬勃生长，因此食草动物得以大量繁殖；在海里，大型有孔虫也在繁衍生息。到了新生代末期，人类的祖先出现了，并逐步进化为现代人类。新生代出现的所有生物中虽然也有已经绝种的（如长毛象等），但是仍有许多物种不断进化，繁衍至今。

5亿4000万年前　2亿5000万年前　6500万年前　现在

| 古生代 | 中生代 | 新生代 |

海洋生物繁盛

恐龙繁盛

哺乳动物繁盛

人类出现

图书在版编目（CIP）数据

地球的演变/韩国故事工厂著；(韩)弘钟贤绘；霍慧译. —南昌：二十一世纪出版社集团，2018.11(2024.3重印)

（我的第一本科学漫画书. 科学实验王：升级版；22）

ISBN 978-7-5568-3838-7

Ⅰ．①地… Ⅱ．①韩… ②弘… ③霍… Ⅲ．①地球—少儿读物 Ⅳ．①P183-49

中国版本图书馆CIP数据核字(2018)第234017号

내일은 실험왕22: 지구역사의 대결
Text Copyright © 2012 by Story a.
Illustrations Copyright © 2012 by Hong Jong-Hyun
Simplified Chinese translation copyright © 2015 by 21st Century Publishing House
This translation was published by arrangement with Mirae N Co., Ltd.(I-seum)
through jin yong song.
All rights reserved.

版权合同登记号：14-2013-248

我的第一本科学漫画书

科学实验王升级版❷地球的演变   [韩] 故事工厂/著   [韩] 弘钟贤/绘   霍 慧/译

责任编辑	周 游	
特约编辑	任 凭	
排版制作	北京索彼文化传播中心	
出版发行	二十一世纪出版社集团（江西省南昌市子安路75号　330025）	
	www.21cccc.com（网址）　cc21@163.net（邮箱）	
出 版 人	刘凯军	
经　　销	全国各地书店	
印　　刷	南昌市印刷十二厂有限公司	
版　　次	2018年11月第1版	
印　　次	2024年3月第7次印刷	
印　　数	58001～63000册	
开　　本	787mm×1060mm 1/16	
印　　张	11.25	
书　　号	ISBN 978-7-5568-3838-7	
定　　价	35.00元	

赣版权登字-04-2018-420

购买本社图书，如有问题请联系我们：扫描封底二维码进入官方服务号。服务电话：010-64462163（工作时间可拨打）；服务邮箱：21sjcbs@21cccc.com。